は し が き

外国人技能実習制度は、開発途上国等の青壮年労働者を日本に受け入れ、日本の産業・職業上の技能・技術・知識の移転を通じ、それぞれの国の経済発展を担う「人づくり」に協力することを目的としています。農業分野においても、国際協力・国際貢献に役立ちながら、農業・農村の高齢化、労働力不足などに対応し、わが国農業の発展に資する仕組みとして活用されています。

こうした中、一般社団法人全国農業会議所が実施する「農業技能実習評価試験」の受検者数は、制度創設以来増加傾向にあります。

これに伴い、監理団体や技能実習生からの要望に応え、全国農業会議所では、平成26年に本テキストを作製いたしました。その後、平成29年、令和6年に改訂を行い、内容を新しくしています。

今回の改訂では、畜産の新しい情報・技術・機器などを追加したほか、近年、畜産の伝染病対策が大きく変わってきていることから「農場の衛生管理」の内容を大幅に加筆し、詳しく解説しています。また、技能実習生が安全に作業を行うために「農場の安全管理」の内容も充実しました。

このテキスト一冊で、初級から上級までの学科試験・実技試験の内容を系統的に学ぶことができます。専門級・上級の受検者は、「専門級・上級」の内容・項目を併せて学習してください。初級の受検者は、この部分を飛ばして結構です。

本テキストは、技能実習生に知って欲しい知識をわかりやすく整理しています。可能な限り簡易な表現を心がけ、写真やイラストを多く使い、目で見て理解できるように工夫してあります。本テキストが技能実習生の学習の一助になり活用されることを期待します。

テキストの改訂にあたっては、長野県畜産試験場の吉田宮雄元場長、日本大学の三角浩司准教授、佐賀県畜産試験場の脇屋裕一郎場長、全国家畜衛生職員会など多数の方に協力いただきましたことを深く感謝申し上げます。

一般社団法人 全国農業会議所

目次（もくじ）

1 日本農業一般

1 日本の地理・気候

日本は、ユーラシア大陸の東にある島国です。

日本列島は、南北に長いです。

北海道、本州、四国、九州の４つの大きな島とたくさんの小さな島があります。

日本は山が多く、農地が少ないです。

農地の約半分は水田で、残りの半分は畑です。

専門級・上級

日本の総面積は約37.8万㎢です。

北の北海道から南の沖縄県まで、約2,500kmあります。

日本の土地の約73％は山地です。

農地は約432万 ha で、総面積の約12％です。

日本の食料自給率（カロリーベース）は38％です（2021年度）。

日本は、ほとんどが温帯気候です。

春・夏・秋・冬の４つの季節「四季」があります。

夏の季節風は南東の風で、冬の季節風は北西の風です。

北海道を除き、６月から７月にかけて、長雨が降る「梅雨」の季節があります。

７月から10月にかけて、台風が日本を通ります。

専門級・上級

北海道は亜寒帯気候で、冬の寒さが厳しいです。梅雨はありません。

沖縄は亜熱帯気候で、1年中気温が高いです。

瀬戸内海沿岸地域は雨が少なく、暖かい気候です。

冬には季節風の影響で、日本海側では雪が降りやすく、太平洋側では乾燥した晴れの日が続きます。

2 日本の作物栽培・畜産

(1) 稲作

稲作とは、イネの栽培のことです。

イネの実からもみ殻をとったものがコメ(米)です。コメは日本人の主食です。

イネは、品種改良、栽培管理(栽培法)の進歩によって、日本全国で栽培されています。

収量の多い品種よりも、味の良い品種の作付けが広がっています。

日本人のコメの消費量は減り続けています。

家畜のエサにする飼料用米、米粉などにする加工用米の栽培も行われています。

日本の稲作は、苗を育て田植えをするのが一般的です。

耕うん、田植え、収穫(稲刈り)、脱穀・調製などの稲作作業は、機械化されています。

専門級・上級

コメの産出額は約1兆4千億円で、農業産出額の約16%です(2021年度)。

代表的なコメの品種はコシヒカリで、作付面積は1979年以降連続第1位です。

コメの1人当たり年間消費量は、118kg(1962年度)をピークに、約50.8kg(2020年度)に減っています。

種もみを田に直接播種する直播栽培は、ごくわずかです。

機械化一貫体系が確立され、年間労働時間は10a当たり約22時間です。

（2）野菜

野菜は、露地栽培のほか、ハウスなどを利用した施設栽培が盛んです。

根や地下茎を利用する根菜類、葉や茎を利用する葉茎菜類、果実を利用する果菜類があります。

日本で産出額の多い野菜は、トマト、イチゴ、キュウリです。

品種改良や栽培技術の改良で、品質の良い野菜が生産されています。

また、施設栽培や被覆資材の普及で、同じ種類の野菜が１年を通して生産されています。これを周年栽培といいます。

野菜は、ミネラル、食物繊維、カロテン、ビタミン類などの栄養が豊富です。

がん などの病気を予防する野菜の機能性が注目されています。

専門級・上級

野菜の産出額は約２兆１千億円で、農業産出額の約24％です（2021年度）。

日本では、北と南の気候の違い、高地と平地の標高の違いを利用し、同じ種類の野菜を産地を変えながら、年間を通して供給しています。

日本原産の野菜は、ウド、ミツバ、ミョウガなど10数種類です。

トマト、キャベツ、ハクサイ、タマネギなどの野菜は、明治時代以降に外国（日本国外）から導入されたものです。

（3）果樹

日本の果樹には、冬にも葉が付いている常緑果樹と冬に葉が落ちる落葉果樹があります。

常緑果樹は、ウンシュウミカンなどのカンキツ類、ビワなどです。

落葉果樹は、リンゴ、ブドウ、ナシ、モモ、カキなどです。

日本で産出額が多い果樹は、ウンシュウミカン、リンゴ、ブドウ、ナシ、モモ、カキです。

リンゴは涼しい地域、ウンシュウミカンは暖かい地域で栽培されています。

専門級・上級

果樹の産出額は約9,200億円で、農業産出額の約10％です（2021年度）。

果樹の果実は、ビタミン類、ポリフェノール類、食物繊維、ミネラルが多く含まれており、健康維持や病気予防などの機能性が注目されています。

果樹では高品質の品種が育成されるとともに、施設栽培やわい化栽培など新しい技術が導入されています。

（4）畜産

日本の家畜は、主に牛、豚、鶏の３つです。

牛には、肉にする肉用牛と乳をしぼる乳用牛があります。

鶏には、採卵鶏（卵用）とブロイラー（肉用）があります。

１戸当たりの飼養規模は、牛、豚、鶏いずれも大幅に増加し、規模拡大が進んでいます。

トウモロコシなどの飼料は、外国からの輸入に頼っています。

専門級・上級

畜産の産出額は約３兆４千億円で、農業産出額の約39％です（2021年度）。

牛や豚の経営のタイプは、次の３つです。

- 繁殖経営：子牛・子豚を産ませる
- 肥育経営：子牛・子豚を大きく育てる
- 一貫経営：繁殖から肥育まですべて行う

日本の飼料自給率は約26％です（2021年度）。

トウモロコシなど濃厚飼料の自給率は13％、粗飼料の自給率は76％です。

３ 知的財産権

新しい品種や栽培方法などの技術や農産物の商標など、農業においても知的財産権が生じます。登録されている品種などは、育成者の許可なく増やすことはできません。また、許可なく、海外に持ち出すこともできません。

畜産においても同様です。和牛の精液や受精卵など、海外に持ち出すことが禁止されているものもあります。

2 養豚の特徴

養豚は、豚を飼育して肉などを生産する農業のことです。豚は利用方法によって、肥育豚と繁殖豚に分けられます。

肥育豚は、人間が肉として食べる豚のことです。肉豚ともいいます。繁殖豚は、子豚を生産する豚のことです。

繁殖豚の雌を母豚といいます。肥育豚の親豚です。母豚に交配する雄豚は、種豚といいます。たねぶたともいいます。母豚は、交配、妊娠、分娩、哺育を繰り返します。

1 豚の品種と三元交配

（1）豚の品種

豚は人間が猪を飼い慣らして、産肉能力を高めるように改良した動物です。日本で飼育されている主な豚の品種は、ランドレース（L）、大ヨークシャー（W）、デュロック（D）です。

豚の品種	外貌	特徴
ランドレース（L）	白色、胴が長い、顔が細長く、耳が垂れている	産子数が多い、子豚の育成率が高い
大ヨークシャー（W）	白色、耳は立っている	繁殖能力に優れる
デュロック（D）	茶色から黒色、耳は垂れている	肉質は良好、病気に強く、発育が早い
バークシャー（B）	黒豚、肢の先と顔の先、尾の先が白い、六白という	産子数、発育ともに上記の品種には劣るが肉質に優れる
ハンプシャー（H）	黒色に白い帯を巻いている	三元交配のデュロックのかわりに雄として利用する
中ヨークシャー（Y）	顔がしゃくれ、耳は立っている	発育は遅い、肉質は良好

（2）三元交配

この3品種をかけあわせて（交配して）雑種を作ると、育成率が高く、成長が早く、肉質も良くなります。これを三元交配といい、日本全国で広く行われています。

まず、ランドレース（L）と大ヨークシャー（W）を交配します。そこで生まれた雌を育てて母豚とします。その雌にデュロック（D）の雄を交配して、生まれた子豚（LWD）を肥育豚として肥育することが一般的です。近年は、LとWの雌と雄を入れ替えたWLDも増えています。 つまり日本の肥育豚の多くは交雑種です。

このように品種を交雑することで、その子の能力（生産性）が上がることを雑種強勢といいます。そのほかの品種として、バークシャー（B）、ハンプシャー（H）、中ヨークシャー（Y）がいます。

ランドレース ♀
（L）

×

大ヨークシャー ♂
（W）

×

デュロック ♂
（D）

三元雑種（L W D）

代表的な三元交配の組み合わせ

（3）ハイブリッド豚 専門級・上級

このほかに、ハイブリッド豚といわれる、数種類の品種をかけあわせて作り出した雌や雄の繁殖豚、肥育豚がいます。

2 豚のライフサイクル

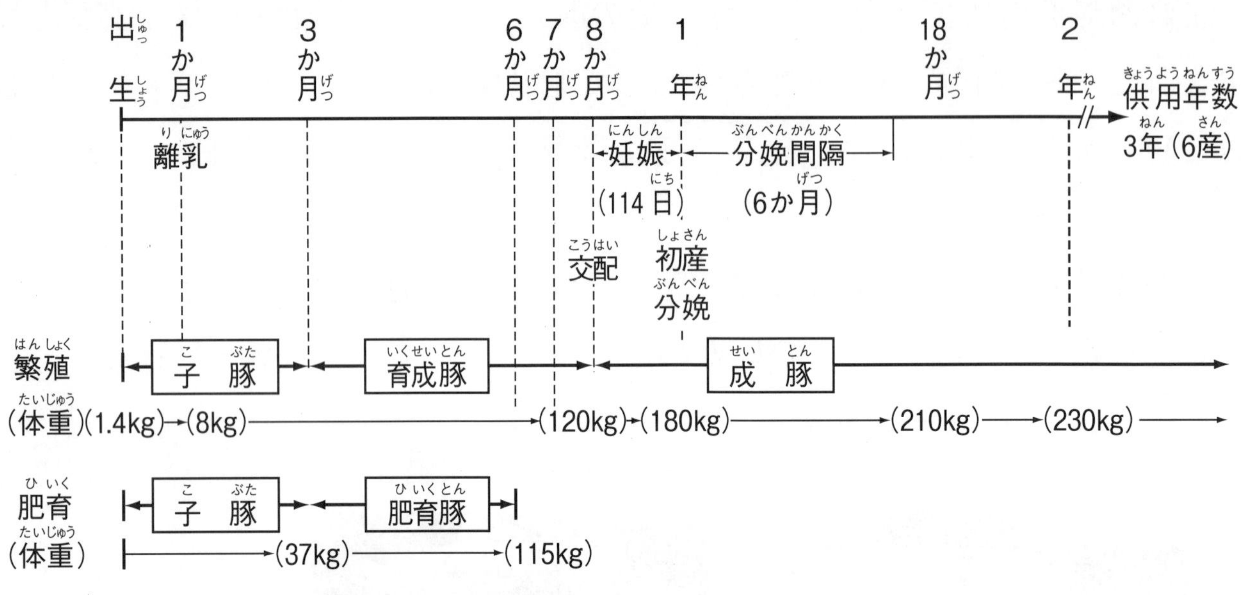

繁殖豚（母豚：種豚）／肥育豚のライフサイクル

（1）肥育豚（肉豚）

肥育豚は、生まれてしばらくは母豚である繁殖豚の雌に哺育され、約３～４週間後に離乳します。生まれてから約６か月後（約180日後）に体重が約115kgとなり、と畜されて肉になります。体重約30kgから出荷までの期間を肥育期間といいます。

（2）母豚（繁殖豚の雌、ははぶたともいう）

母豚は、生まれてから約８か月後に体重120kgほどで最初の交配（種付け）を行います。豚の発情周期は21日です。妊娠期間は114日です。

１回の分娩で産子数は10～15頭、分娩後約３～４週間哺育します。哺育期間が終わると離乳し、再び交配を行います。

健康に管理された母豚は、２年間に４～５回妊娠・出産させることができます。母豚はこのサイクルを繰り返し、通常は６～10産します。

（３）種豚（繁殖豚の雄、種雄豚、たねぶたともいう）

種豚は、７か月ほどで性成熟します。

交配には、自然交配と人工授精（ＡＩ）があり、現在は、人工授精が多くなりました。

種豚は、繁殖豚の雄だけでなく雌も含む場合がありますが、本テキストでは、種豚を繁殖豚の雄として解説します。

（４）身体各部の名称と体の測り方

豚の身体各部の名称と、体の測り方は、次のとおりです。

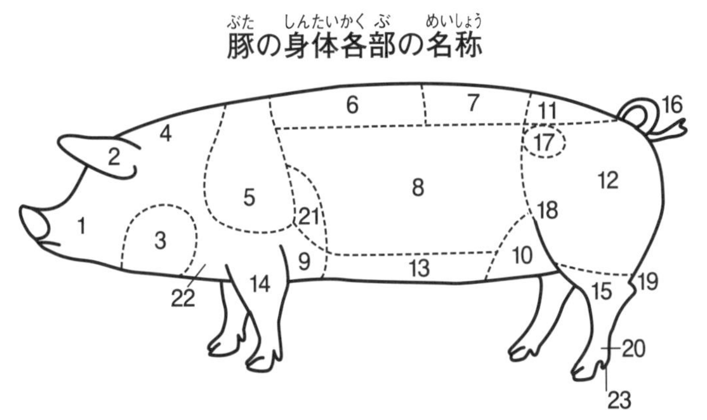

豚の体の測り方

体高

体長

ここで測る

1. 鼻　2. 耳　3. 頬　4. 頸　5. 肩　6. 背　7. 腰　8. 脇腹
9. 腋　10. けん　11. 尻　12. 腿　13. 下腹　14. 前肢
15. 後肢　16. 尾　17. 腰角　18. 後膝　19. 飛節　20. 繋
21. 胸（腹をも含む）　22. 胸前　23. けづめ

３ 養豚の経営形態 専門級・上級

養豚場の経営形態は、繁殖経営、肥育経営、一貫経営の３種類に分けられます。

① **繁殖経営**…母豚と種豚を飼育し、その子豚を肥育用として出荷する形態

② **肥育経営**…繁殖経営から肥育用の子豚を購入して、肥育し、出荷する形態

③ **一貫経営**…繁殖用の母豚や種豚と肥育豚も飼育し、繁殖から肥育まで一貫して行う形態

現在は大規模な一貫経営が主流となり、小規模な経営は減ってきています。主な理由は、外部からの伝染病の侵入を抑えるためと、肥育の効率を向上したり経営規模の拡大が進んだためです。

また、経営の規模は、従業員が数10人から100人以上もいるような大規模な経営から小規模な家族経営までさまざまです。大規模な経営を企業養豚ということもあります。

養豚場での生産だけではなく、肉製品製造業、食肉卸売業、食肉小売業なども同一のグループで一貫して行う場合があり、これをインテグレーションといいます。

4 飼料とその生産・購入・給与の形態

(1) 配合飼料

豚の飼料原料の大部分は、外国（日本国外）から輸入されています。

港に到着したトウモロコシなどの原料は、飼料工場で細かく粉砕され、豚の成長段階に合うように栄養バランスを考えて配合され、配合飼料として販売されます。原料には、トウモロコシと大豆かす（脱脂大豆）が多く使用されています。

(2) 飼料の形状

飼料の形状は、細かく粉砕したマッシュ、マッシュを圧縮成型したペレット、ペレットを砕いたクランブルがあります。また、液体状で給餌するリキッド飼料も使われています。

マッシュ

ペレット

クランブル

リキッド

飼料の形状

(3) 飼料の給与方法

飼料の給与方法には、不断給餌と制限給餌があります。

不断給餌は自由採食ともいい、豚はいつでも食べたい量を好きなだけ食べることができます。

制限給餌は、決まった量を与える給餌方法です。

肥育豚は不断給餌、繁殖豚は制限給餌で飼育することが多いです。

なお、日本の法令では、家畜の成長促進のためにホルモン剤を使うことはできません。

5 枝肉と部分肉 専門級・上級

体重約115kg で出荷された肥育豚（肉豚）は、と畜され、枝肉として取り引きされます。

枝肉とは、体全体から頭部、四肢、内臓を取り除いた状態です。体重115kg の豚から約75kg の枝肉がとれます。枝肉歩留として約65% です。

○**枝肉歩留を計算しましょう。**

枝肉歩留（%）＝枝肉重量÷出荷時の体重×100

（例）体重115kg の豚から75kg の枝肉がとれた場合の枝肉歩留の計算

枝肉歩留（%）＝75kg ÷115kg ×100＝65%

枝肉をさらに左右に分割したものを半丸といいます。

枝肉は、豚枝肉の取引規格に基づいて等級が判定され、良いものから極上、上、中、並、等外に格付されます。まず、枝肉（半丸）重量と背脂肪厚で判定した後、外観と肉質を判定します。

枝肉はさらに部分肉に分割されます。その後、部分肉をさらにスライスし精肉として販売、もしくはハム、ソーセージなどに加工された後、販売されます。

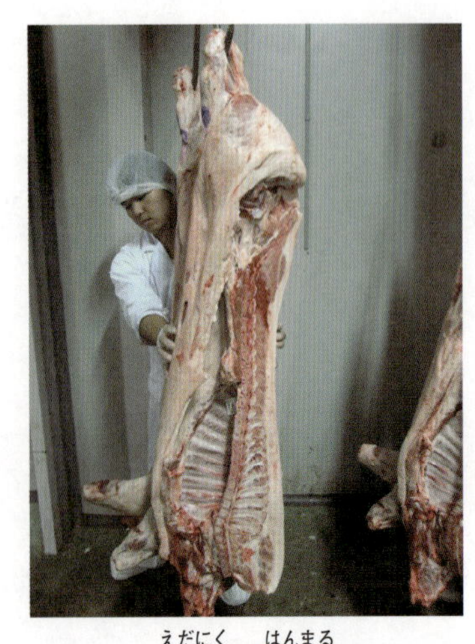

枝肉の半丸

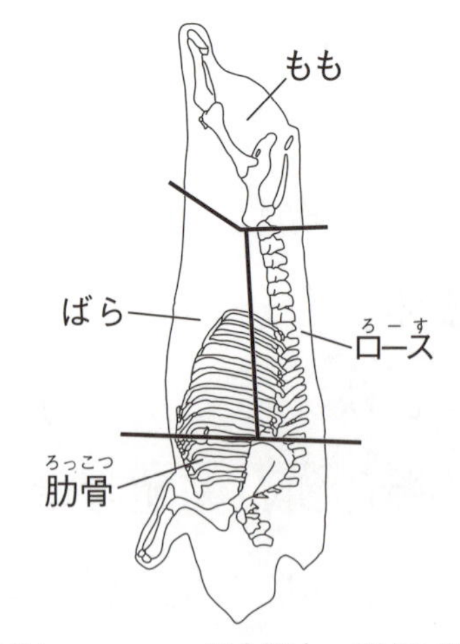

日本における豚枝肉の分割部位

肉色と脂肪色には基準があり、肉色は濃すぎたり、淡すぎ（薄すぎ）たりは望ましくなく、中間のやや淡い（薄い）肉色が理想的です。ポークカラースタンダードで判定します。脂肪色は白いことが望ましく、黄色い脂肪は望ましくありません。脂肪がやわらかい場合は軟脂豚とよばれ、評価が低くなります。

6 飼養管理のポイント

（1）子豚の管理

① 飼育温度

生まれたときの子豚の体重は約1.4kg であり、ほかの哺乳動物の子に比べると未熟な状態で生まれてきます。そのため、子豚の時期には事故死や成長停滞が発生しやすいです。

また、子豚は体温調節機能が未熟であり、皮下脂肪も薄く、寒さに非常に弱いです。そのため、飼育環境温度を適切に管理する必要があります。とくに、生後１週間は30℃以上の環境を保つことが望まれます。

子豚の持ち方

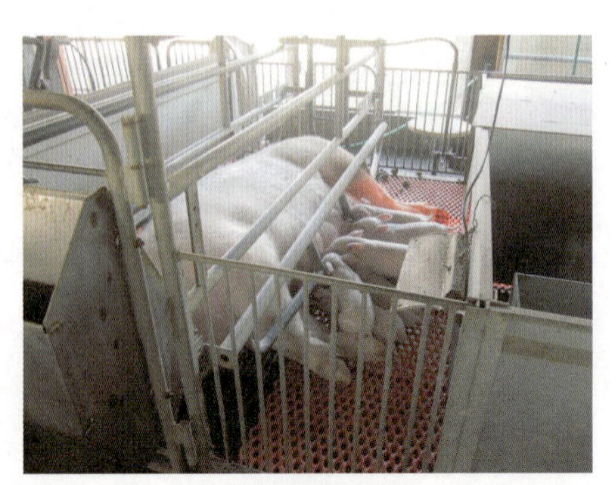

子豚の飼い方

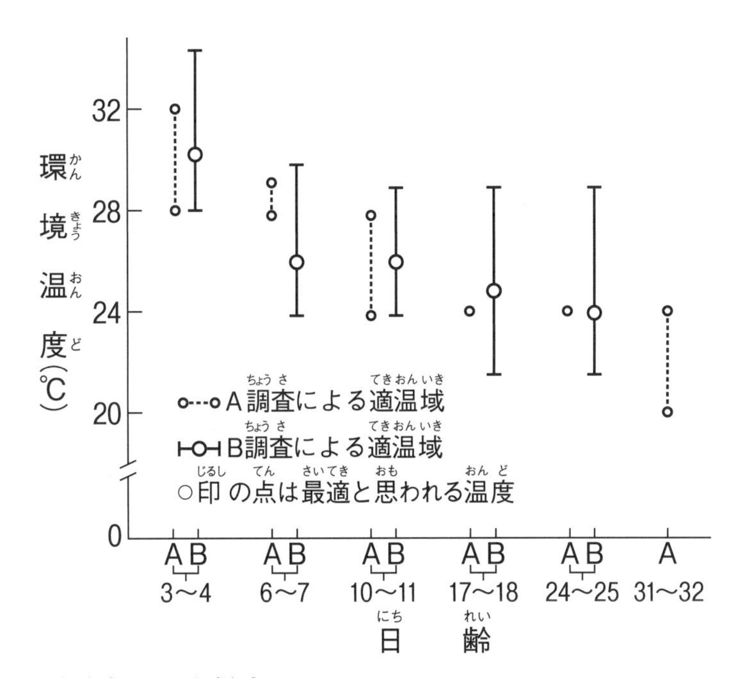

専門級・上級 各日齢における子豚の適温域の推定

② 哺育管理 専門級・上級

子豚には、生まれた直後に母豚の乳（初乳）を十分に飲ませる必要があります。初乳とは、分娩直後から２日目までの母乳のことです。初乳の中にはさまざまな病気に対する抗体（免疫グロブリン）が含まれています。初乳を飲み、体に吸収されることで、初めて外部からの病気に対する抵抗性を得ます。

また、子豚は成長が早く、血液中の赤血球の材料となる鉄が不足するため、必要に応じて鉄剤を投与します。

生まれて数日たつと、哺乳もいっせいに短時間（10〜20秒）で行われるようになります。通常は、１日に24回（１時間に１回）ほど哺乳を行います。母豚の健康状態、泌乳量（乳が出る量）は、子豚の発育に密接に関係します。

子豚が乳を十分に飲めないときや、産子数が母豚の乳頭の数より多いときは、産子数の少ない母豚に子豚をあずけたり（里子に出すという）、お湯などに溶かして飲ませる子豚用代用乳を給与することがあります。

生後１週間頃から餌付け用飼料（人工乳）も給与して、母乳以外の固形の飼料にも慣れさせます。人工乳と合わせて、きれいな水も常に飲めるようにします。

③　離乳 専門級・上級

母豚からの離乳は、分娩後３～４週間で行うのが一般的です。それよりも早く、早期離乳（ＳＥＷ）を行う場合もありますが、２週間未満で離乳すると、母豚の発情再帰が遅れたり、次の出産時に子豚の数が少なくなります。

離乳後の飼料は人工乳Ａを与えますが、数日間はそれまでの餌付け用飼料も混ぜて与えます。

（2）繁殖豚の生殖生理と管理

①　交配

雌の発情周期は21日です。発情前期、発情期、発情後期と、発情兆候が認められない発情休止期を繰り返します。繁殖豚の雌に交配適期を見定めて交配を行います。交配には、自然交配や、人工授精（ＡＩ）、または両方を行う場合があります。交配の21日後、再発情がなければ妊娠したと判断でき、再発情があった場合は再び交配を行います。

（ｉ）自然交配 専門級・上級

発情期の雌に雄を交配させます。雌と雄の体の大きさをなるべくそろえます。自然交配用として育成する繁殖豚の雄（種雄豚）は、大型化を抑える飼養管理をする必要があります。

（ⅱ）人工授精（ＡＩ）専門級・上級

人工授精は、種豚（繁殖豚の雄）の飼育頭数を減らすことができます。

豚では、液状精液による人工授精が一般的です。精液検査によって精子の数、活力を検査して使用します。

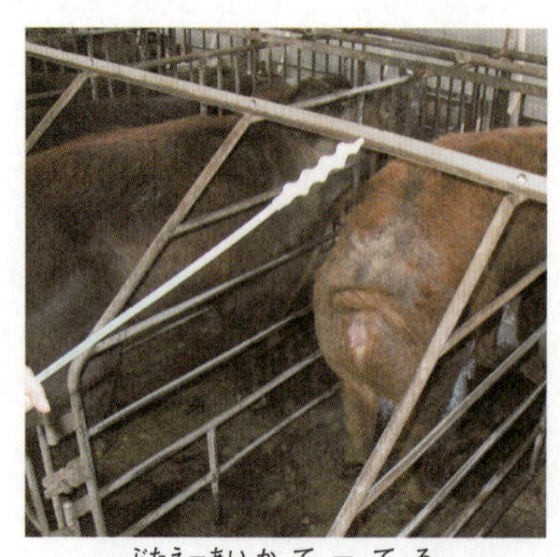

豚ＡＩカテーテル

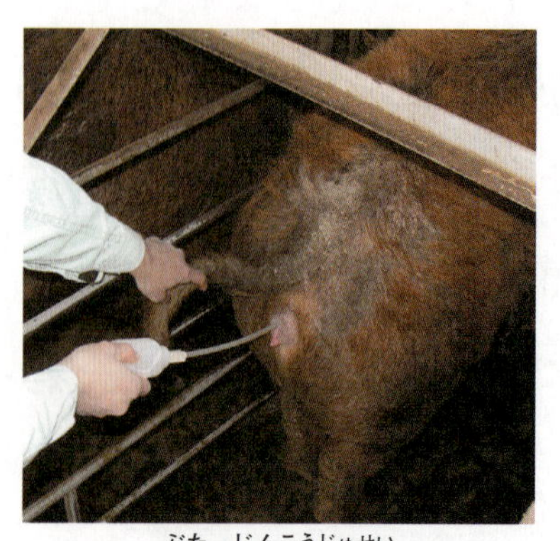

豚の人工授精

母豚への精液注入には、豚専用の注入器（ＡＩカテーテル）を使用します。現在は、使い捨てのＡＩカテーテルを使用するのが一般的になっています。

② 生殖器 専門級・上級

（ｉ）雌豚の生殖器

卵巣には多くの卵胞や黄体が存在し、卵子を排卵し、雌性ホルモンを分泌します。子宮には２つの屈曲した子宮角と、子宮体があります。受精卵の着床、胎子が発育する部位です。子宮体の入り口の子宮頸にはいくつかのひだが存在し、通常の人工授精の精液注入部位です。

（ⅱ）雄豚の生殖器

雄の生殖器は、精巣、精巣上体、精管、副生殖腺、陰茎より構成されています。精巣では精子が形成されるとともに、雄性ホルモンが分泌されます。

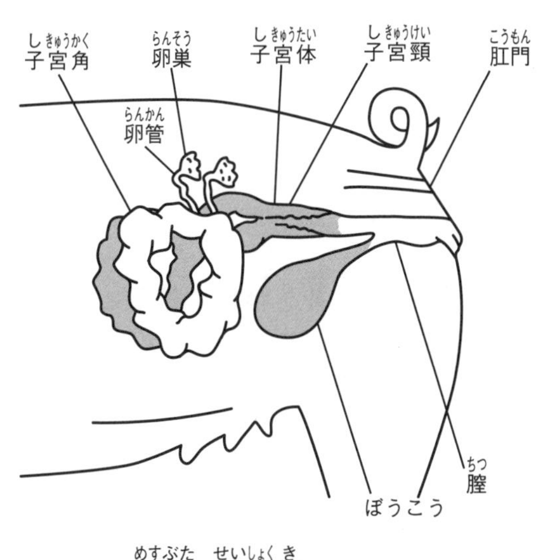

雌豚の生殖器

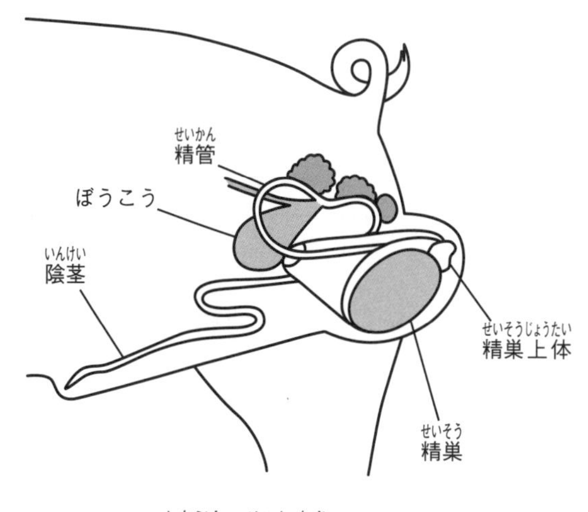

雄豚の生殖器

③ 分娩

妊娠期間中はストールの単飼豚房で飼育し、分娩が近づいたら分娩柵のある分娩用豚房に移動します。

豚の出産では難産は少なく、間隔は定まりませんが、通常10～20分間隔で１頭ずつ出産します。子豚が生まれ終わると、後産が出始め２～３時間で終了します。分娩後、子豚に授乳している間は発情は起こりません。子豚が離乳すると４～５日で発情が再帰します。

専門級・上級

妊娠豚の肥満は、胎子の発育不良や難産の原因になるため、ボディコンディションを観察しながら、制限給餌を行うことが大切です。

哺育中の繁殖豚は、泌乳により体重の減少が起きやすいので、飼料給与量を増やす必要があります。分娩後、少しずつ飼料の給与量を増やしていき、食べる量が追いつかない場合には、給与回数を増やしたり、不断給餌にするなどの工夫をします。子豚が離乳して哺育が終わったら、ボディコンディションスコアに注意しつつ飼料を給与します。妊娠中は太らないように、哺育中は痩せないように注意します。

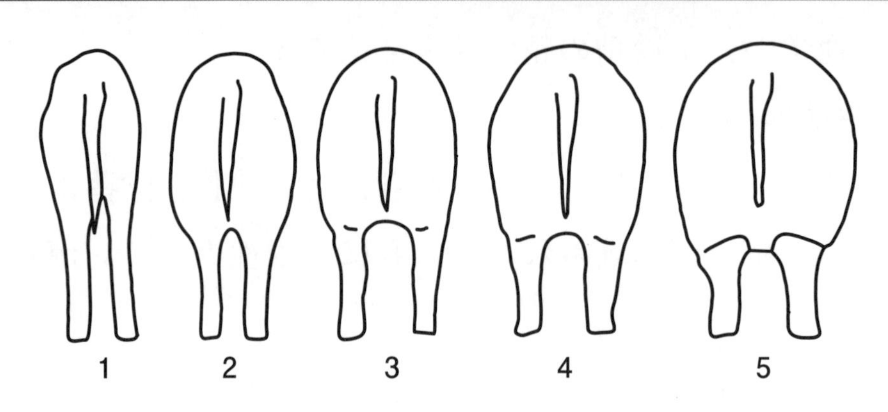

スコア	コンディション	体　　型
1	やせすぎ	腰骨、背骨が肉眼でも分かる
2	やせている	手のひらで押すと腰骨、背骨が容易に感じとれる
3	理想的	手のひらで強く押すと腰骨、背骨が感じとれる
4	太っている	腰骨、背骨が感じとれない
5	太りすぎ	腰骨、背骨が厚く脂肪で覆われている

専門級・上級 母豚のボディコンディションスコア

（3）増体成績 専門級・上級

豚の成長にともない、飼料の摂取量は増えます。１日当たりの体重の増加量を日増体量（ＤＧ、デイリーゲイン）といいます。離乳後、飼料の摂取量が増えるとともに日増体量も増えていき、体重30～50kgでは0.78kg、50～115kgでは0.85kgが標準的な日増体量です。

１kgの増体に必要な飼料の量を飼料要求率といいます。通常は3.2～3.6の範囲です。それ以上の場合には、飼料の内容を見直す必要があります。

また、1kgの飼料で増体する量を示した値を飼料効率といいます。

○日増体量（DG）、飼料要求率を計算しましょう。

（例）体重30kgの豚を115kgに育てるのに、100日間かかりました。

このときの日増体量（DG）の計算

DG＝(115kg －30kg)÷100日間＝0.85kg

（例）体重30kgの豚を115kgに育てるために、合計272kgの飼料を与えました。

このときの飼料要求率の計算

飼料要求率＝272kg ÷(115kg －30kg)＝3.2（単位なし）

（4）伝染性疾患

豚の病気は多く、中でも重要な家畜の伝染病として、国が家畜伝染病予防法に指定している家畜伝染病（法定伝染病）と届出伝染病があります。家畜伝染病（法定伝染病）は、とくに注意が必要な伝染病です。

① **家畜伝染病（法定伝染病）**…口蹄疫、豚熱（ＣＳＦ）、流行性脳炎、アフリカ豚熱（ＡＳＦ）など

② **届出伝染病**…豚丹毒やオーエスキー病など

これらの伝染病が発生した場合には、すぐに家畜保健衛生所に届け出て、指示にしたがい処置しなければなりません。

人間や飼料、資材が移動するときは、厳重な防疫体制をとる必要があります。

養豚場でみられる豚の病気は各種あり、予防接種が有効なものについては接種を行います。

専門級・上級

豚には、豚熱（ＣＳＦ）やアフリカ豚熱（ＡＳＦ）のように、急性的な症状が出てすぐに死に至る病気もありますが、日常的には慢性的な症状の病気が多いです。病原体がウイルス性の病気として豚伝染性胃腸炎（ＴＧＥ）、豚繁殖・呼吸障害症候群（ＰＲＲＳ）、細菌性としてマイコプラズマ性肺炎、大腸菌症、連鎖球菌症が代表的です。そのほかに、回虫やダニの寄生があります。これらの病気は農場内で蔓延しやすく経済的損失が大きいため、改善することは経営改善にもつながります。

（5）豚舎の臭気と糞尿処理

① 豚舎の臭気

豚の排泄物の量は、飼料の種類や季節などにより違いますが、繁殖豚は１日に糞２～３kg、尿5.5kgを排泄し、肥育豚は糞1.9kg、尿3.5kgを排泄します。

この糞尿による悪臭は、畜産による公害として最も苦情件数が多く、養豚業の印象を悪くし、経営の存続を左右する原因にもなっています。それだけではなく、豚と人間の健康への悪影響、ハエなどの害虫の誘因や増殖といった環境汚染につながるため、発生を抑制する必要があります。

専門級・上級

豚舎内の臭気は、主に糞と尿から発生したアンモニアや硫黄化合物と、酪酸、プロピオン酸、酢酸などの揮発性脂肪酸です。これらは豚にとっても、管理する人間にとっても有害なため、発生を少なくする必要があります。そのため、できるだけ糞と尿を接触させずに分離して、糞中の酵素と尿との反応を抑制します。

② 糞尿処理

糞尿はそれぞれ適切に処理する必要があります。糞は堆肥化施設、尿は浄化施設で処理することが一般的です。そのほかに、糞と尿を混合した状態で処理する方法もあり、この糞尿混合物はスラリーといいます。

堆肥は、糞を微生物が分解したものです。糞にわらやおがくずなどの水分調整剤を入れ、水分の割合を下げて堆肥化することが一般的です。堆肥調製のためには、酸素を必要とする好気的微生物に適した環境を整えることが重要です。

専門級・上級

尿汚水は水質汚濁の原因となるため、浄化処理を行い、浄化・殺菌してから河川などに放流する必要があります。尿汚水は固液分離を行った後、活性汚泥法などの生物的処理を行います。そして、汚泥が沈降した後で、清澄な上澄みを放流します。

確認問題

以下の問題について、
正しい場合は○、間違っている場合は×で答えなさい。

1．日本の肥育豚は発育が早く、約６か月で115kg の体重になります。（　　）

2．ランドレース（L）と大ヨークシャー（W）を掛け合わせて作った交雑種が、日本で最も多いLWD です。（　　）

3．日本の母豚は、２年間に約２回妊娠・出産させることができます。（　　）

4．日本の母豚の１回の産子数は、10～15頭です。（　　）

5．日本の豚の肥育では、配合飼料と牧草の両方が飼料として用いられます。（　　）

6．原料を細かく粉砕した飼料はマッシュです。（　　）

7．豚肉の脂肪の色は、黄色いものが良いです。（　　）

8．子豚を持つときは、前足を持ってぶら下げます。（　　）

9．種豚（繁殖豚の雄）はできるだけ大きく育てます。（　　）

10．豚の糞や尿から発生したアンモニアは、悪臭の原因となります。（　　）

＝解　答＝

1．○

2．×（ＬＷＤはランドレース（Ｌ）と大ヨークシャー（W）を交配して得られる雌にデュロック（D）の雄を交配して得られます）

3．×（日本の母豚の２年間の出産回数は４～５回です）

4．○

5．×（豚の肥育では、牧草はほとんど使われません。肥育用配合飼料が主に使われます）

6．○

7．×（豚肉の脂肪の色は、白いものが良いです）

8．×（子豚を持つときは、後ろ足を持って、頭を下にします）

9．×（種豚（繁殖豚の雄）は雌との体格差が生じないようにするために、大きくならないように飼養します）

10．○

3 豚と飼料に関する基礎知識

1 繁殖豚の飼い方と分娩、施設・設備

繁殖豚は、ストール豚房という施設で1頭ずつ飼育します。分娩が近くなると、分娩柵のある分娩用の豚房（分娩舎）に移し、分娩します。

分娩後3～4週間は、そこでそのまま子豚の哺育を行います。子豚は寒さに弱く、母豚は暑さに弱いです。そのため、子豚はヒーターを設置した保温箱のある区域で生活し、授乳時には母豚の乳頭から吸乳します。

子豚には餌付け用の飼料（人工乳）を置いておき、徐々に母乳以外の飼料に慣れさせます。離乳時には子豚育成用の豚房に移し、離乳子豚用飼料を給与します。

繁殖豚は基本的に制限給餌で飼育し、太らせすぎないようにボディコンディションに注意します。一方、子豚は常に飼料を接取することができるように不断給餌とします。

ストール豚房

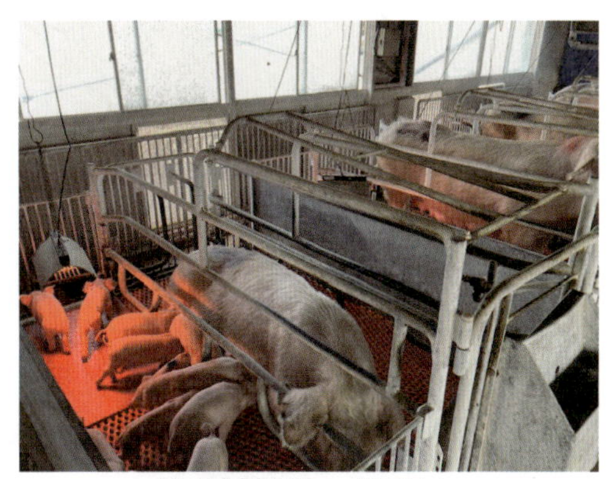
分娩用豚房（分娩舎）

2 肥育豚の飼い方と施設・設備 専門級・上級

通常、肥育豚は10～15頭くらいの群飼育（群飼）で管理します。肥育豚舎（肉豚舎）は、スノコ床式豚舎が一般的です。飼育密度が高くなると、闘争行動などのストレスがかかりやすくなるため、1頭当たりの床面積は体重50kgで0.7㎡、体重100kgでは1.0㎡は確保する必要があります。床面積がこれよりも狭く

スノコ式豚舎

なると、生産性に悪影響をおよぼします。

肥育豚への飼料給与は原則として不断給餌です。給餌器は不断給餌器(セルフフィーダー)を用い、常に飼料が食べられる状態にします。豚舎内の給餌器(飼槽)までは、自動給餌装置が使われます。給餌器は不断給餌に適した構造になっており、ウェットフィーダーは飼料と水を混合しながら食べる構造です。

3 消化器の構造と飼料の消化・吸収 専門級・上級

豚は雑食動物であり、さまざまな飼料を食べます。豚の消化器の基本構造は、同じく雑食性である人間と同じで口、食道、胃、小腸、大腸があります。飼料は、まず、口から入り、食道を通り、胃にたどりつきます。胃で消化され、小腸でさらに消化され、吸収されます。その後、大腸でも小腸で消化されなかったものの一部が分解して吸収されます。

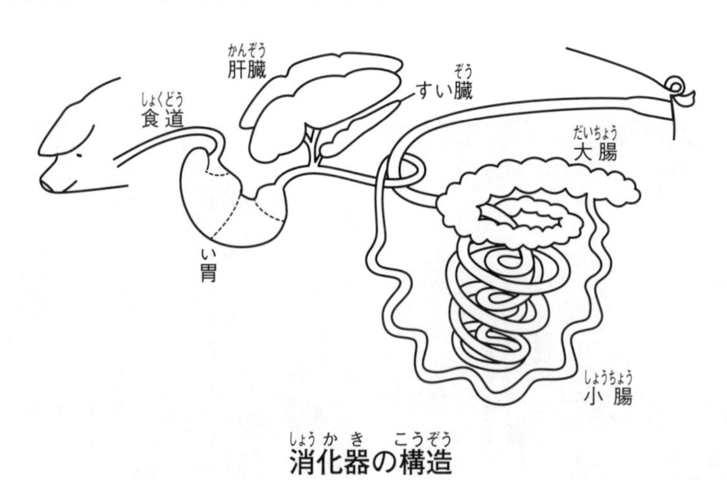

消化器の構造

4 豚の飼料

飼料は、子豚用の人工乳、育成用飼料、肥育用飼料に分けられます。

豚の成長段階によって、栄養素の要求量は異なるため、それぞれに適した栄養設計になっています。要求量の具体的な数値は飼養標準を参考にします。栄養素として確認する項目は、エネルギー(主に炭水化物と脂質)、タンパク質、ミネラル、ビタミンです。

(1) 子豚の飼料

人工乳は子豚用の粉状の飼料であり、脱脂粉乳を多く配合してあります。

これはさらに餌付け用人工乳、人工乳A、人工乳Bなどに分けられて、体重15kgまで順に給餌します。人工乳Aは離乳前期用、人工乳Bは離乳後期用です。その後はトウモロコシを多く含む子豚の育成用飼料を給餌します。

なお、母豚の乳が出ていなかったり、産子数が乳頭の数より多い場合は、代用乳（粉乳）をお湯に溶いて与えます。

(2) 肥育豚・繁殖豚の飼料

肥育豚(肉豚)では、成長に合わせて、肥育豚の前期用飼料、後期用飼料を給餌します。肥育豚の後期用飼料には、抗菌性の飼料添加物を含んではいけません。

繁殖豚では、繁殖豚の育成用飼料を給餌し、その後、繁殖豚用飼料を給餌します。

人工乳A

肥育用飼料

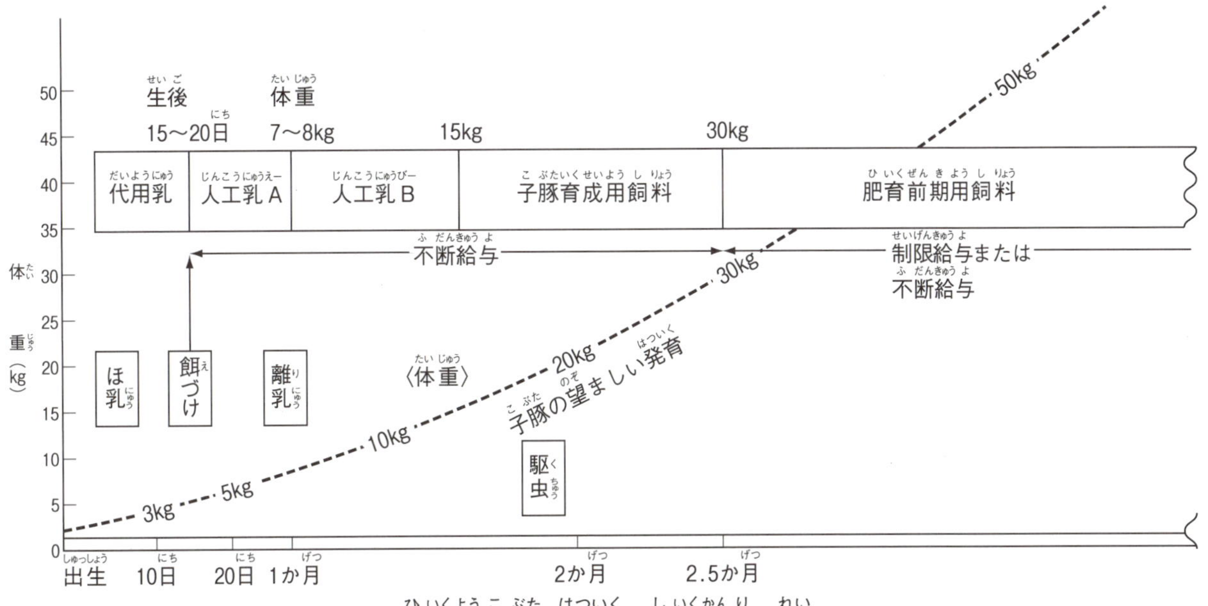

肥育用子豚の発育と飼育管理の例

5 飼料費削減の工夫（エコフィード） 専門級・上級

養豚経営において、飼料の購入費用は高く、生産費の6～7割を占めています。

そのため、近くで安く手に入るような飼料原料も使って、飼料費を安くすることが望まれます。代表的なものが、食品残さや農作物残さです。

その際、栄養の設計に留意する必要があります。とくに、飼料の脂肪の含量が多いと肉質に悪影響をおよぼします。飼育に必要な栄養素の量をあらわした日本飼養標準を参考にして、豚の成長段階に応じた栄養成分の要求量に合うように配合して給与します。とくに、飼料のエネルギー（ＴＤＮもしくはＤＥ）とタンパク質の給与量のバランスをとり、さらにカルシウム、リンなどのミネラルの不足にも注意します。

> 食品残さや農産物残さなど従来は捨てられていたもの（未利用資源）を飼料として利用したものをエコフィードといいます。安価に入手できることから、近年は、養豚の配合飼料でも利用されています。飼料としての安全性や栄養価を正しく理解して使う必要があります。

6 肥育期間と体重増加、配合飼料の給与量 専門級・上級

体重30kg から110～ 120kg の出荷までの肥育期間は、飼料摂取量の増加とともに体重も急激に増えます。肥育前期（体重30～ 70kg）と肥育後期（体重70kg 以上）で、飼料給与の方法や必要な栄養素が変わります。

	肥育前期（体重30～70kg）	肥育後期（体重70kg以上）
飼料給与方法	・肥育前期用飼料を不断給餌する ・飼料摂取量は１頭当たり約２～３kg／日 ・日増体量（ＤＧ）は約0.85kg	・肥育後期用飼料を不断給餌する ・飼料摂取量は１頭当たり３kg以上／日 ・日増体量（ＤＧ）は約0.85～1.00kg
必要な栄養素	・体の発育は骨、筋肉（赤肉）、脂肪の順で進むため、筋肉に必要なタンパク質が不足しないように給与する	・脂肪の蓄積量が多くなるため、タンパク質の量を減らす ・味が良く適度なかたさをもつ脂肪を作るため、デンプン質飼料を多く給与する

7 子豚の哺育と育成、疾病

子豚の哺育期と離乳直後は、最も事故率が高くなります。未熟な体で生まれ

て、それから急激に体内の免疫、消化する能力を整えて、離乳時（生後３〜４週間）には出生時の６倍以上の体重に達するほどの急激な成長をします。そのため、体内のバランスを崩しやすいともいえます。子豚の体調には十分気を付けて観察することが重要です。

	不健康な子豚の特徴	健康な子豚の特徴
食欲	ない	ある
便の状態	下痢をしている	下痢をしていない
呼吸	咳をしている	咳をしていない
尾	垂れ下がっている	巻いている
目	分泌物（目ヤニ）が付着している	分泌物（目ヤニ）が付着していない
鼻	乾いている、鼻水が出ている	適度に湿っている
毛	毛づやが悪い、毛が目立つ	毛づやが良い

専門級・上級

子豚の疾病は多いです。大きく分けて、消化器異常（下痢症）と呼吸器異常（肺炎）があります。また、母豚からの寄生虫によって発育不良も起こるため、母豚である繁殖豚の駆虫も重要です。母子を連動させて、ワクチン接種や駆虫計画を実施します。

8 ＳＰＦ豚 専門級・上級

養豚経営において、経済的損失が大きい伝染病に感染していない豚をＳＰＦ豚といいます。

日本では、マイコプラズマ性肺炎、豚赤痢、ＡＲ（萎縮性鼻炎）、オーエスキー病、トキソプラズマ病の５つの病気の病原体がない豚をいいます。

ＳＰＦ豚のもととなる豚群は、母豚の病原体を感染させないように、帝王切開によって取り出した子豚を人工哺乳などで育てます。

病気による生産障害がないため、非常に生産性が高いです。この衛生状態を保つためには、通常の養豚場以上に、外部との隔離や厳重な消毒が必要です。

衛生管理からみた農場の分類として、通常の農場とは別に、ＳＰＦ（特定病原菌不在）農場があり、一般農場よりも衛生管理が厳しいです。ＳＰＦと対比した場合、通常の農場はコンベンショナルといいます。

9 豚舎の環境と衛生管理 専門級・上級

豚舎の衛生環境を整えることは、豚の病気の予防、健康維持だけでなく、作業者の健康維持にとっても重要です。また、食品衛生や周辺環境の汚染防止の観点からも、豚舎の衛生管理は重要です。

繁殖エリアと肥育エリアを分けることによって、豚舎内の動線が一方向になるようにします。農場外からの豚の導入がある繁殖豚は、一定期間隔離して、豚舎に移します。そして、全体の配置は肥育豚舎をより外側に、繁殖豚舎を内側に配置します。万が一、病原体が侵入したとしても肥育豚の被害までにとどめ、繁殖豚を守るようにします。

豚の病気の症状はさまざまな形であらわれます。症状が認められたら、すぐに養豚場の飼養衛生管理者に報告します。

10 糞尿処理の方法

糞は除糞機（スクレイパー）などで集め、堆肥化します。必ず屋根のある場所で管理します。野外にそのまま放置してはいけません。尿は浄化施設で処理し、浄化・殺菌した上澄みは放流し、汚泥は堆肥化します。

堆肥化に必要な要点は次のとおりです。

（1）酸素供給

好気的微生物が活動しやすいように十分な酸素の供給が必要です。

（2）水分調整

水分が多すぎると通気性が悪くなるため、水分調整剤などの副資材を混合して水分を下げ、水分60％程度に調整します。

（3）堆肥の温度上昇

微生物の活発な活動によって、やがて堆肥の温度が上昇します。これによって、寄生虫の卵、病原菌、雑草の種子（種）などが死滅して、安全な堆肥として使用することができます。

確認問題

以下の問題について、
正しい場合は○、間違っている場合は×で答えなさい。

1．体重100kg の豚の１頭当たりの床面積は、1.0㎡以上確保します。
（　　　）

2．母乳が不足している場合は、代用乳をお湯に溶かして子豚に与えます。
（　　　）

3．繁殖豚の雌は分娩が近くなると、ストール豚房に移ります。（　　　）

4．豚糞に水を混ぜると、よく発酵し堆肥化します。（　　　）

5．健康で元気な子豚は尾が垂れ下がり、不健康な子豚は尾が巻いています。（　　　）

6．子豚が体を寄せあって寝ているのは、室温が適切で、子豚同士が仲良くしているからです。（　　　）

7．豚は雑食動物でさまざまな飼料を食べます。（　　　）

8．肥育豚は、常に飼料を食べられるように飼育することが多いです。
（　　　）

9．子豚には、トウモロコシの入った飼料は与えません。（　　　）

10．離乳時の子豚の体重は、出産時の約２倍です。（　　　）

＝解答＝

1．○

2．○

3．×（繁殖豚の雌は分娩が近くなると、分娩用豚房（分娩舎）に移ります）

4．×（豚糞は水分が約80％ありますが、水分調整剤などで水分を約60％まで下げます。水を混ぜることはありません）

5．×（不健康な子豚は尾が垂れ下がり、健康で元気な子豚は尾が巻いています）

6．×（体を寄せあって寝ているのは、室温が低いために子豚同士が体を温めあっている状態です）

7．○

8．○

9．×（子豚用の育成飼料には、トウモロコシが多く含まれています）

10．×（離乳時の子豚の体重は、出産時の６倍以上になります）

4 日常の豚の管理作業

1 豚の習性と豚への接し方

豚は群れを作る習性があります。群飼いの場合にはその中で強弱が生まれるので、弱い豚も飼料を十分食べることができるようにする必要があります。

また、豚は温順な性質であり、人にもよくなつき、人を見分ける能力があります。嗅覚と聴覚はとくに発達しており、臭いをかぐ力が優れています。また、臆病でもあり、動きや音に敏感に反応します。そのため、豚にはおだやかに接し、驚かさないようにします。出荷時にも、豚がストレスを受けないように取り扱います。ストレスは肉質にも影響します。

豚の誘導の仕方

決まった場所に排糞、排尿し、寝る場所と区別します。低く、湿ったところが排泄場所になりやすいです。また、隣り合った豚房同士で競争関係が生じると、お互いの境界線である柵のあたりで排糞する習性があります。

2 飼槽、飲水の管理

肥育豚は不断給餌が原則です。常に飼槽に飼料が残っている状態にします。豚が食べるときに加水するウェットフィーダーの場合には、食べ残しの腐敗に注意します。

飼料を狙って鳥などが侵入しないようにし、定期的にネズミの駆除を行います。水は自由に飲水できるようにします。水圧によっては、必要量を十分に摂取できない場合があるので注意します。

3 繁殖豚の発情、交配、分娩時の留意点 専門級・上級

(1) 発情、交配

生後半年程度の育成豚は発情が始まります。また、離乳後しばらくたった繁殖豚の雌は発情再起します。雌の発情周期は21日です。発情が始まってから終

わるまで約7日間です。

出産経験のない豚は、発情兆候がはっきりしない場合があります。

① **発情前期**：約2～3日間
外陰部が腫れて赤くなりだす期間
発情前期に早期発見をします。

② **発情期**：約2～3日間
雄を許容する期間（交配適期）
受胎率が最も高い交配適期は発情に入ってから10～25時間後です。
人が豚の背腰部を両手で圧する背圧反応検査をすると、静止状態になります。この期間に、自然交配または人工授精を行います。
1発情期間で、2回以上授精を試みます。

③ **発情後期**：約1～2日
外陰部の腫れがしぼみ、赤みもなくなる期間

④ **発情休止期**：約14日
発情が終わり、発情兆候が認められない期間

発情の確認

	雄許容後の時間	受胎率		発情前期からの日数	外陰部の発赤と腫脹
発情前期				1日	
				2日	
	時間	%		3日	
	0	81			
発情（雄許容）期	10	100	交配適期		最高
	25	46	排卵期	4日	
	36	50			
	48	0		5日	
発情後期	72			6日	
				7日	

発情にともなう外陰部の徴候と交配（授精）適期との関係（自然交配と液状精液による人工授精の場合）

（2）妊娠診断

妊娠の確認は、21日後の再発情がないことと、妊娠診断器（超音波）で確認します。妊娠すると多くの豚は静かになり、食欲も増します。

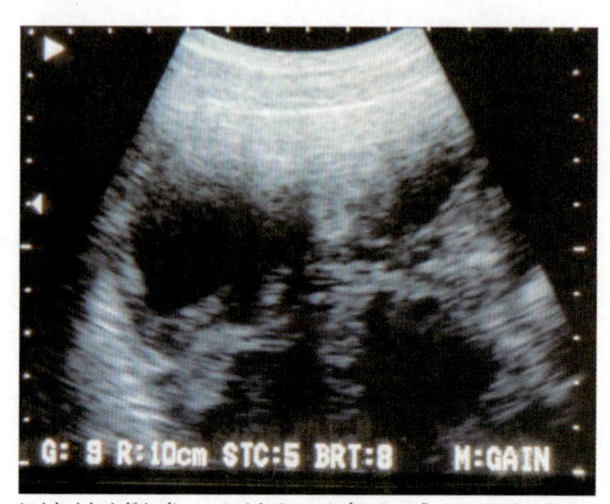

妊娠診断器で妊娠を確認（エコー写真）

(3) 分娩時の注意点

分娩用の豚房に豚を入れる前には、事前に清掃、消毒、乾燥をしておきます。豚の出産はかるく、難産になることはめずらしいです。また、子豚が呼吸をしていない場合には人工呼吸を行います。

4 母豚授乳時の注意点 専門級・上級

(1) 乳頭と授乳

母豚の乳頭は、胸から腹にかけて左右2列で合計12～16個程度ならんでいます。頭部に近い乳頭のほうが乳量は多いです。分娩後数日たつと、それぞれの子豚の乳頭付位置（ティートオーダー）が決まり、同じ乳頭から飲むようになります。哺乳は約1時間に1回のペースで、1回当たり10～20秒間乳を出します。

(2) 授乳時の注意点

哺乳時には、母豚の下敷きになり圧死する事故が多いです。母豚を驚かせないようにするのは当然ですが、次の3点に留意して管理します。

① 母豚の栄養管理が悪く泌乳量が少ないと、子豚は母豚から離れません。母豚には飼料や水を十分に与えます。また、母豚が飼料や水を摂取しにくいと、母豚は何度も立ったり寝たりを繰り返します。飼料や水を摂取しやすくします。

② 子豚の保温が十分でないと、泌乳時間以外でも子豚は保温器に戻らず、母豚の体温を求めて接触、睡眠して母豚につぶされます。保温器の温度調節を行います。

③ 泌乳量が少ないと子豚は水を欲しがります。さらに、水が飲めない状況になると親の尿をなめ、下痢などの原因になります。乳の出ていない母豚の子豚には、代用乳や人工乳、新鮮な水を与えます。

授乳時に、子豚の犬歯で母豚の乳頭を傷つけられることを母豚は嫌がります。そのため、子豚の犬歯を切ることがあります。

5 子豚哺乳・育成時の暖房での管理 専門級・上級

子豚の適温は高く、まだ体温調節の能力が低いため十分な暖房が必要です。適温域は成長とともに変化するため、適切かどうかをその都度判断します。出生時の適温は36℃、1週間たつと30℃、2週間で28℃、3週間で26℃と徐々に低くなります。子豚が暖房器具の真下で重なっている場合には、寒いと判断します。反対に、暖房器具から離れて寝ている場合には、暑いと判断します。子豚が適度に散らばっている状態を保つようにします。

暖房器具は取り扱いに注意します。豚舎の火災事故の大半は、暖房器具の落下、暖房器具からの出火が原因です。

	生後日齢・体重	適　温
子　豚	生後　1～3日	30～32℃
	4～7日	28～30℃
	8～30日	22～25℃
	31～45日	20～22℃
肉　豚	15～ 50kg	20～25℃
	50～100kg	18～20℃
成　豚	100kg以上	15～18℃

豚の適温域

6 子豚の去勢時の注意点 専門級・上級

雄の子豚は去勢してから肥育します。雄の臭いが豚肉に移ることを防ぐためです。去勢は生後数日から離乳前までの時期に行いますが、生後1週間までに行うことが多いです。

7 ワクチンの接種

ワクチン接種プログラム（ワクチネーションプログラム）に基づいて計画的に接種を行います。

8 飼料の保存や取り扱いにおける注意点 専門級・上級

飼料はできるだけ冷暗所に保管し、高温、多湿の環境を避けます。とくに、人工乳は腐敗しやすいため、早く使い切るようにします。カビが生えた飼料は給与してはいけません。倉庫に保管することで、ネズミ、鳥、虫からの食害を防ぎます。

9 暑熱時と寒冷時の管理

（1）暑熱時

豚は汗腺が退化しており、皮膚からの体熱の発散が困難です。とくに、日本の夏は高温で湿度が高いため、体熱の発散が進みません。そのため、夏季の豚舎からは扇風機、冷風装置、送風ダクトなどで湿気を除く必要があります。成長した肥育豚と繁殖豚は暑さに弱く、飼育環境は約20℃が望ましいです。

分娩時に高温によって母豚が影響を受けると、子豚に悪影響をおよぼすことになります。

豚舎に設置された扇風機

（2）寒冷時

一方、冬季は気温、湿度ともに低いため、夏季とは反対に体熱の発散が過剰に促進されてしまいます。そのため、冬季は豚舎の温度管理、とくに、寒さに弱い子豚の温度管理に注意します。また、肥育豚は増体成績や飼料効率の低下が起こるため、注意します。

コルツヒーターによる子豚の温度管理

専門級・上級

夏季の暑熱による高温環境のもとでは、豚は次のような悪影響を受けます。

①繁殖豚　とくに影響が大きく、繁殖成績全体の低下が起こります。

・雄…精子数の減少、精子活力の低下、乗駕意欲の減退など

・雌…発情遅延、死産、出生時の体重の減少、食欲低下による乳量の減少など

②肥育豚　食欲減退による増体成績の低下が起こります。

温度上昇が激しい場合は熱中症で死亡する場合があります。

暑熱時には、扇風機による強制通風を行い、とくに、床面付近の通風を維持します。豚体に当てることと、湿気を取り除くためです。風速は1.0m/秒以上を目安とします。豚舎内での風向が一定方向になるようにします。給気が暑く送風効果が低い場合には、冷風装置を使用したダクト送風などを取り入れます。

確認問題

以下の問題について、
正しい場合は○、間違っている場合は×で答えなさい。

1．母豚の乳頭は、２列で合計８個以下です。（　　　）

2．母豚の乳頭は、頭に近いほうの乳が良く出ます。（　　　）

3．出生時の子豚の適温は約26℃です。（　　　）

4．伝染病を予防するために、計画的にワクチン接種を行います。（　　　）

5．肥育豚の雄は去勢して肥育します。（　　　）

6．母豚は泌乳期間中に発情します。（　　　）

7．雌豚の発情周期は28日です。（　　　）

8．分娩用の豚房に豚を入れる前には、あらかじめ、清掃や消毒をしておきます。（　　　）

9．飼料は高温、多湿の環境で保管します。（　　　）

10．豚は汗腺が発達しており、暑さに強い動物です。（　　　）

＝解　答＝

1．×（母豚の乳頭は、左右２列で12個以上の乳頭がならんでいます）

2．○

3．×（出生時の子豚の適温は約36℃です）

4．○

5．○

6．×（母豚は離乳後、数日たつと発情します）

7．×（雌豚の発情周期は21日です）

8．○

9．×（飼料は冷暗所に保管し、高温、多湿の環境を避けます）

10．×（豚は汗腺が退化しており、暑さに弱い動物です）

5 農場の衛生管理

■1 日本と世界の伝染病の状況

（1）伝染病は、ウイルスや細菌などでうつる病気です。動物から動物、資材から動物など、人間や資材、動物を媒介してうつります。

日本は島国ですが、外国（日本国外）から来る人間や資材を介して、病原体が日本に持ち込まれる可能性があります。日本では、重要な家畜伝染病である口蹄疫や豚熱（ＣＳＦ）、鳥インフルエンザなどが発生しています。

・口蹄疫は、日本では2010年に発生しましたが、近年は発生していません。しかし、現在もアジア諸国で発生しています。

・豚熱（ＣＳＦ）は、日本では2018年以降、毎年発生しています。感染拡大を防ぐため、ワクチン接種が行われています。

・鳥インフルエンザは、毎年発生しています。

（2）日本の近隣の国では、上記の病気の発生のほかに、アフリカ豚熱（ＡＳＦ）などの重要な家畜伝染病が発生しています。

（3）家畜の伝染病には、毒性や感染力の強さから殺処分などの強力な措置が必要な家畜伝染病（法定伝染病）と、病気の発生と被害防止の対策を速やかに行うことが必要な届出伝染病があります。

どちらも発生が疑われた場合は、すぐに獣医師や家畜保健衛生所に連絡しなければなりません。また、家畜の伝染病には、これらのほかに感染すると経済的損失の大きい病気（慢性伝染病など）もあります。

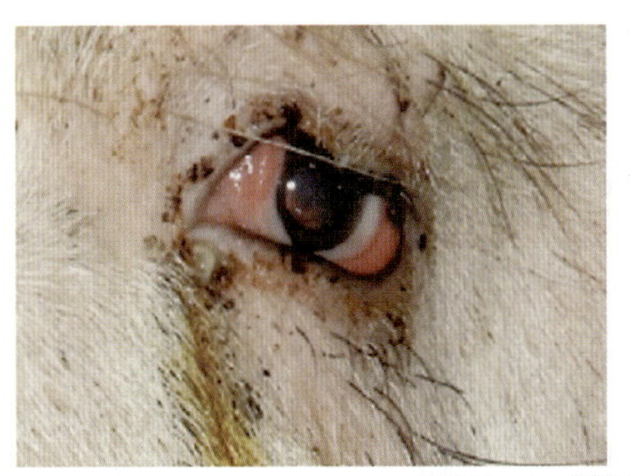

豚熱（ＣＳＦ）に感染した豚　（写真提供：岐阜県）

2 飼養衛生管理基準

家畜の伝染病対策では、原因となる病原体を「持ち込まない、拡げない、持ち出さない」ことが大切です。

日本では、2010年以降、口蹄疫、豚熱（ＣＳＦ）、鳥インフルエンザが発生してから家畜の飼養衛生管理基準の見直しがありました。飼養衛生管理基準は、家畜を伝染病から守るために、家畜を飼養する関係者全員が徹底するルールです。

（1）飼養衛生管理マニュアル

飼養衛生管理基準に基づき、経営者（家畜の所有者）は「飼養衛生管理マニュアル」を作ることが定められています。農場で働く人間だけでなく、農場に出入りする人間など関係者全員がこのマニュアルを実践することが大事です。

（2）基本的な衛生対策

病原体を農場に侵入させないために、次の基本事項を必ず守ります。

①農場外で家畜を扱ったり、野生動物に触れたりしない。
　やむを得ないときは、事前に経営者に報告する。自宅で体を洗い、服や靴を交換してから農場や施設に出勤する。
②外国から生肉、肉製品（ハム、ソーセージ、餃子など）を日本に持ち込んではいけない。直接持ち込むだけでなく、輸送でも禁止されている。
③アフリカ豚熱（ＡＳＦ）、口蹄疫などの発生地域に行かない。
　やむを得ないときは、行き先や日程を事前に経営者に報告する。外国では畜産関係施設に行かない。日本に入国したら経営者に報告し、１週間は勤務する農場や家畜がいる場所に行かない。また、２か月間（豚は４か月間）は外国で使用した服や靴を農場に持ち込まない。

（3）衛生管理区域

衛生管理区域とは、病原体の侵入を防止するために、衛生的な管理が必要となる区域です。一般的には、畜舎やその周辺の施設（飼料タンク、倉庫、飼料保管庫、給餌舎、堆肥舎、死体保管庫など）を含む区域が衛生管理区域になります。区域は経営者が決めます。区域内で注意することは次のとおりです。

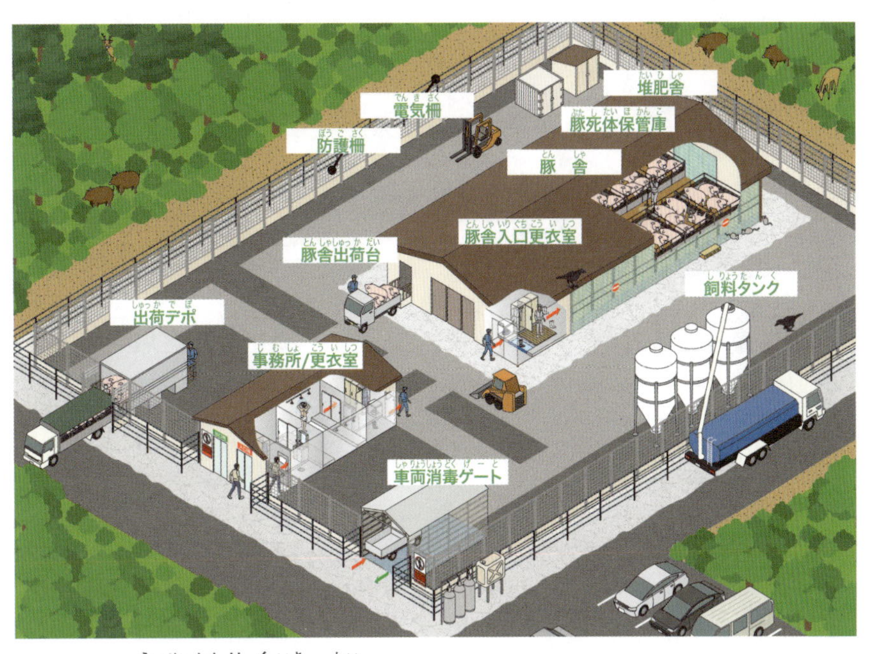

衛生管理区域の例（イラスト出典：飼養衛生管理基準ガイドブック）

① **区域内と区域外で境界線をはっきりさせる**

野性動物が侵入できないように、境界線をフェンスやネットで囲む。看板を表示し、農場外部の人に周知する。

区域内への出入りは出荷、診察、飼料の配達など必要最小限にする。

フェンスで囲まれた境界線

② **区域外から区域内へ入るときに注意すること**

（i）**人間**

- 区域外で行うこと

  区域外で着用した服や靴を脱ぎ、区域外専用のロッカーに置く。手指消毒を行う。

- 区域内で行うこと

  区域内専用の服や靴を区域内専用のロッカーから取り出して着用する。

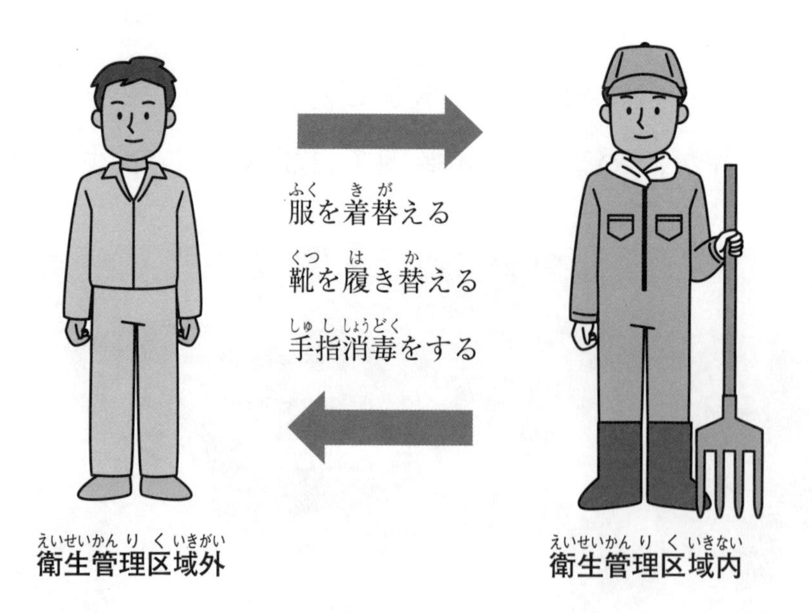

（ii）**車両**

- 車両全体を消毒する。ボディ、タイヤ、フロアマット、ペダル、ハンドルなどを消毒する（フロアマットは区域内専用の消毒済みマットを用意、または、使い捨てマットを使用する）。
- 車両の運転手は上記（ｉ）参照。車両から降りないときも手指消毒を行う。区域内専用の靴に履き替える、または、オーバーシューズを着用する。
- 来場者の車両だけでなく、自分の農場の車両の消毒も大切である。とくに、農場外に出た車両が戻ってきたときは徹底する。また、同業者が出入りする場所に行くときは、細心の注意を払う。

（iii）**家畜**

- 導入した家畜を消毒し、一定期間隔離された特定の場所で飼育する。よく観察してから区域内に入れる。

（iv）**物品**

- 不要なものは持ち込まない。食べ物やスマートフォンも原則持ち込まない。資材や機材などを持ち込むときは消毒する。

③ 区域内から区域外へ出るときに注意すること

(ⅰ) 人間

- 区域内で行うこと

区域内専用の服や靴を脱ぎ、区域内専用のロッカーに置く。手指消毒を行う。

- 区域外で行うこと

区域外専用の服や靴を区域外専用のロッカーから取り出して着用する。

(ⅱ) 車両

- 車両全体を消毒する。ボディ、タイヤ、フロアマット、ペダル、ハンドルなどを消毒する（区域内専用のマットや使い捨てのマットを区域外専用のものに替える）。

(ⅲ) 生産物・家畜

- 生産物や家畜は消毒を徹底する。家畜の出荷時には、作業員や使用する機材も区域内と区域外で分ける。

(ⅳ) 物品

- 資材や機材などを持ち出すときは消毒する。

④ 服や靴で注意すること

服や靴は、区域内専用と区域外専用に分ける。洗濯・洗浄・消毒はそれぞれの区域で別々に行う。

(4) その他の注意事項 専門級・上級

① 衛生管理記録

衛生管理に関する記録は1年間保管します。主に記録する内容は次のとおりです。

・衛生管理区域内に農場の従業員以外の人間や車両が入るとき、「氏名」「住所・所属」「日時」「当日の立寄先」「目的」「消毒の有無」
・従業員が外国に行くとき、「国・地域」「滞在期間」
・導入した家畜、出荷・移動した家畜、飼育している家畜
・獣医師、家畜保健衛生所からの指導内容

② 飼養衛生管理者

飼養衛生管理者は、衛生管理区域ごとに決められた飼養衛生管理に関する責任者です。大規模経営では畜舎ごとに飼養衛生管理者をおきます。

③ 緊急連絡先の徹底

緊急時には、飼養衛生管理者にすぐに連絡が取れるようにします。

家畜伝染病（法定伝染病）が疑われる症状があれば、家畜保健衛生所に連絡します。

④ 埋却場所の確保

経営者は、埋却処理できる場所の確保をしなければなりません。

⑤ 適度な飼育密度の確保

過密状態で飼育することを避け、適度な飼育密度で飼育しましょう。

3 伝染病対策のポイント

（1）伝染病を持ち込まない

① 日本に持ち込まない

日本で発生していない伝染病は、外国から持ち込まないことが重要です。畜産関係者が日本から出国するときや日本に入国するときは、基本的な衛生対策を徹底します。毎日の野鳥などの監視や、日本に持ち込むことができない食品などを確認します。

② 農場（衛生管理区域）に持ち込まない

日本で発生している伝染病であっても、衛生管理区域内に入れないようにすることが大切です。区域内には、人間（従業員、関係者、そのほかの一般の人間・見学者）の出入りの際は消毒や着替えを徹底します。野生動物、野鳥の侵入を防ぎます。なお、衛生管理区域に通じる側構に防護柵を設置するなどの工夫が必要です。

③ 畜舎内に持ち込まない

畜舎は最後の砦です。衛生管理区域内に伝染病が侵入しても、畜舎の中まで侵入しないように、畜舎ごとに消毒や着替えを徹底します。また、壁や金網の点検・修理をしたり、ネットやフィルターを設置して、野外の動物が入らないようにします。飲み水や餌に野生動物の糞などが混ざらないようにします。

フィルター（開口部）

フィルター（入気口）

防護柵（側溝）

専門級・上級

○家畜を健康に保つ

伝染病を持ち込まない努力をするとともに、伝染病にかかりにくい家畜を飼育することが重要です。飼育密度など飼育環境を改善することやワクチネーションを適切に行うことにより、体力があり免疫力の高い家畜を飼育します。ワクチンを接種することで避けられる伝染病は、予防接種を計画的に実施します。

（2）伝染病を拡げない

家畜伝染病対策では、伝染病を拡げないことが大切です。感染したときは家畜を隔離する、場合によっては淘汰する必要があります。とくに、慢性伝染病対策では、伝染病に感染した家畜と、感染していない家畜を分けて飼育します。

（3）伝染病を持ち出さない

感染した家畜を畜舎外に持ち出すことによって伝染病を拡げないようにすることが大切です。家畜伝染病（法定伝染病）対策では、埋却など最終処分ができる場所を確保しておく必要があります。

4 消毒

（1）消毒器・消毒槽・消毒帯の管理

人間や車両を消毒するとき、次の設備を使用します。

① 車両用消毒ゲート

車両が進入すると、センサーが働き、上下左右から薬液が噴霧され、車両の全体が消毒されます。消毒液の補充や噴霧機械の管理を日常的に行うことが必要です。

② 消毒用噴霧器

車の周囲やタイヤ回り、車内のフロアマット（農場専用マットを用意している農場ではそのマットに交換）を念入りに消毒します。また、車内で病原菌がうつることを防ぐために、消毒薬をしみこませた布などで乗降ステップやペダル、ハンドルなども消毒します。

消毒ゲート

車両消毒

③ 車両用消毒槽

消毒液の中を車両がゆっくりと通過し、主にタイヤを消毒します。消毒液の効果は時間がたつと低下するため、薬液の交換が週に２～３回必要です。また、消毒液の中に泥や砂が混ざると消毒効果が低下するので、清掃も必要です。

④ 踏みこみ消毒槽

消毒液を入れた容器に長靴を15～30秒浸し、消毒を行います。消毒液の効果は時間の経過とともに低下するので、薬液を毎日、新しいものに交換します。とくに、汚れがひどい場合にはその都度、薬液を交換します。消毒薬は糞などの汚れによって効果が薄れます。そのため、汚れを取り除いてから消毒することが大切です。

踏みこみ消毒槽

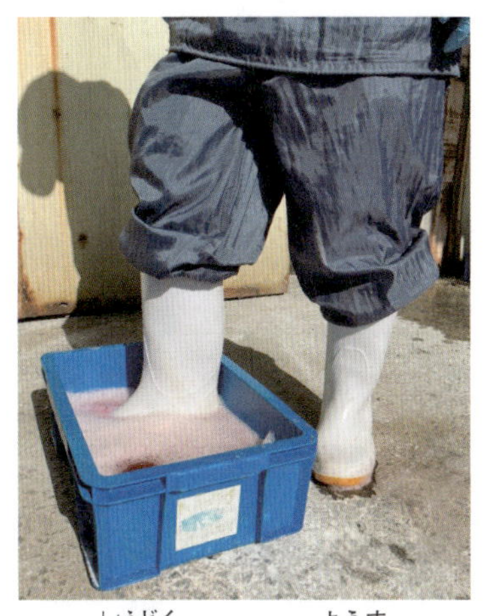
消毒している様子

⑤ **消石灰帯**

農場の出入り口に消石灰の散布による車両用の消毒ゾーンを設置し、車両による病原体の持ち込み・持ち出しを防ぎます。消石灰は強アルカリ性のため、散布するときは防護服やマスク、防護メガネ、ゴム手袋、長靴を着用します。

消石灰は、定期的に、畜舎の周囲と農場の出入口に地面が白く覆われるように均一に散布します。

（2）消毒薬の使用上の注意事項

消毒薬を使用する場合には、用法と用量を守ること、消毒薬は使用時に調製することが大切です。とくに、低温時には効果が下がるので注意します。そのほか、消毒薬（原液）は乾燥した暗所に保管すること、ほかの消毒薬や殺虫剤と混用しないこと、取り扱い時には衛生手袋とマスクを着用することを守らなければなりません。

また、消毒時には防除衣を着用し、消毒液が体にかからないように注意します。もし、体に付着した場合には、水で体をよく洗浄します。

消毒薬の保管

専門級・上級

○消毒のポイント

畜舎を清掃するときは、汚れを落としてから消毒を行い、必ず乾燥させることが重要です。

また、石灰は高アルカリ性なので、酸性の消毒薬（ビルコン、塩素、ヨード）と混ざると中和され、効果がなくなります。注意が必要です。

専門級・上級

○消毒液の希釈方法を計算しましょう。

（例）1,000倍液の消毒液を20ℓ作る場合の原液の量の計算

20ℓ＝20,000mℓ

20,000mℓ÷1,000倍＝20mℓ

防除衣は正しく着ましょう。

防除衣の正しい着用の仕方

消毒液や消石灰の散布は、体に消毒液や消石灰がかからないよう、適切な服装で行います。

帽子、長袖・長ズボンの防除衣、ゴム長靴、マスク、保護メガネ、ゴム手袋を着用します。軍手はぬれるので、使用してはいけません。

防除衣の上着の袖は手袋の上にかぶせ、ズボンの裾は長靴の上にかぶせます。

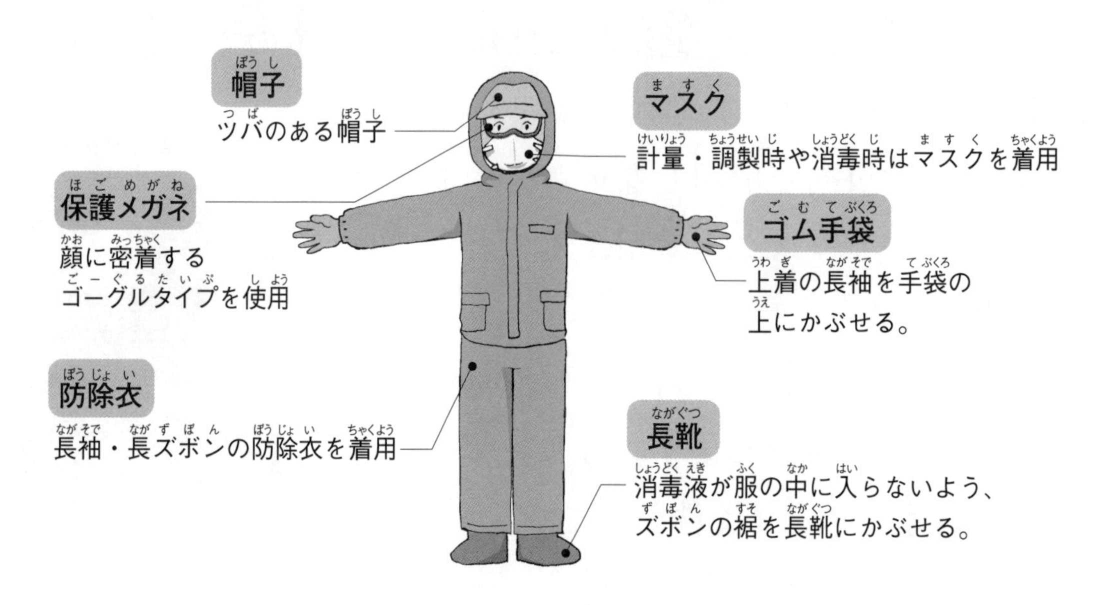

6 農場の安全管理

1 安全な農業機械の使い方

（1）作業前の準備

機械の操作方法は取り扱い説明書を読むなどして、事前によく理解します。

エンジンの始動の仕方、ブレーキの操作方法、エンジンの止め方を確認します。

（2）日常点検

日常点検は機械の能力を持続し、機械を長持ちさせ、農作業事故を防ぐことにつながります。

機械の運転前、運転中、運転後に、異常がないか点検します。

点検は、運転中の動作点検以外では、必ずエンジンを停止して行います。運転中の動作点検では、とくに、事故が起こらないように、十分注意が必要です。

（3）機械操作の注意点

① **機械共通**

・機械操作を一時的に中断するときは、必ずエンジンを止めます。

・機械のつまりを除去する作業でも、必ずエンジンを止めます。

② **刈払機（草刈機）専門級・上級**

・安全確保のため、必ず保護具の着用をします。

・刈刃の左側、先端から1/3の部分を使用し、右から左への一方通行で刈り取ります。

・飛散物保護カバーを必ず正しい位置に取り付けます。

・複数で作業する場合は15m以上の間隔をあけます。

・安全に使うために、刈払機メーカーや建設機械の教習所で安全講習の受講をします。

③ 乗用トラクタ 専門級・上級

- 路上を走る場合は、免許が必要です。
- 作業後、トラクタに装着した作業機は、洗浄後に取り外すか、地面に降ろしておきます。

（4）無理のない作業計画

疲れると注意力がなくなり、事故が起こりやすくなります。疲れているときの機械作業は危険です。作業の合間には休憩をとります。

急いで作業しようとすると、注意力が足りなくなり、事故が起こりやすくなります。時間と気持ちにゆとりをもって作業します。

（5）安全な服装

機械やベルトに巻きこまれないよう、作業に適した服を着用します。長い髪の毛は束ねる、服から出た糸くずを処理するなどして、機械に巻き込まれないようにします。

（6）作業後の片付け

機械の清掃・洗浄を行います。

機械の整備・修理を行います。

収納場所にきちんと片付けます。

軽油の場合、燃料タンクを満タンにしておきます。

使用記録簿に記録します。

2 電源、燃料油の扱い

（1）電源の扱い

農業用の電源は交流100ボルトに加え、三相交流200ボルトが多く使われます。200ボルトの電源は乾燥機、モーター、暖房機などに使われます。

配電盤や引き込み線を素手でさわると危険です。とくに、濡れた手で電気プラグを扱うと感電事故につながります。また、電気ヒーターなどの電熱器は適切に取り扱わないと火災の原因となることがあります。 電源部分はほこりや汚れによる漏電（トラッキング現象）に気を付けます。

専門級・上級

○電源の差込口の違い、三相交流を理解しましょう。
○ボルトの違いを理解しましょう。

200ボルトと100ボルトのコンセントの形状

三相交流200ボルト

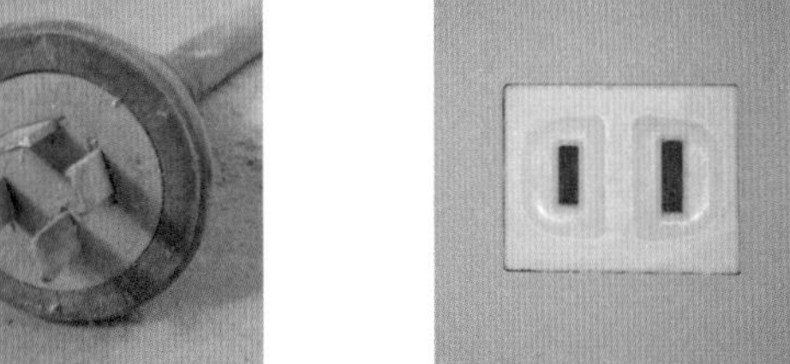
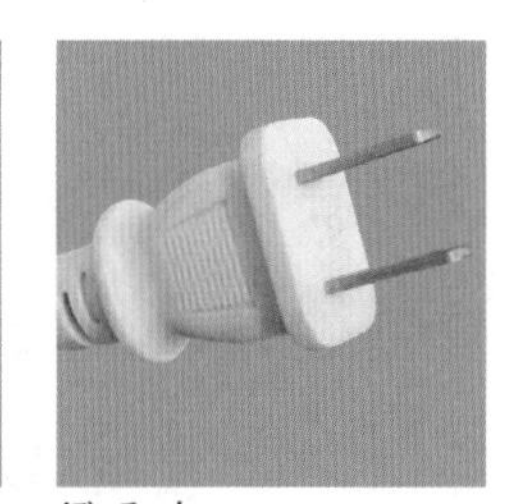

交流100ボルト

三相交流の注意点

・電圧が高いので取り扱いに注意します。また、極相を間違えるとモーターなどが逆回転するので注意が必要です。

（2）燃料油の種類

農業機械の燃料油には、ガソリン、重油、軽油、灯油、混合油などがあります。機械によって、使う燃料油の種類が違います。

ガソリン	運搬機、非常用発電機など
軽油	トラクタ、ホイールローダーなど
ガソリンとオイルの混合油	草刈り機（2サイクルエンジン）
重油・灯油	温風暖房機など

（3）燃料油を扱うときの注意

・ガソリン、軽油など燃料油の種類を確認し、農業機械に合った燃料油を使います。機械に合わない燃料油の使用は、故障の原因になります。
・給油は必ずエンジンを止めて行います。
・給油前に、周囲に火気がないことを確認します。とくに、ガソリンは火がつきやすいので注意します。
・給油の際、燃料油がタンクからあふれないよう注意します。

（4）燃料の保管 専門級・上級

ガソリンや軽油を入れる容器は、法律で制限されています。
ガソリンは金属製容器で保管します。
ガソリンを灯油用ポリ容器（20ℓ）で保管することは禁止されています。
軽油は30ℓ以下ならプラスチック製容器で保管できます。
保管場所は火気厳禁にし、消火器を設置します。

燃料は、長期間保管すると変質します。機械の故障につながるので、使用してはいけません。機械を長く使用しないときは、ガソリンを抜いておきます。

燃料の保管できる種類と量は、自治体ごとに違うので確認が必要です。

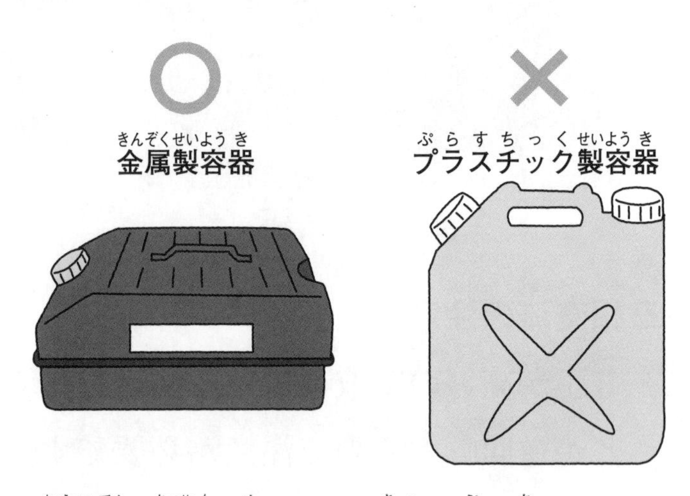

（注意点）圧力を抜いてからキャップを開ける

3 整理・整頓

道具は正しく扱い、保管にも注意します。整理・整頓して片づけるようにし、使用前の点検と使用後の手入れも行います。

確認問題

以下の問題について、
正しい場合は○、間違っている場合は×で答えなさい。

1．豚熱（ＣＳＦ）は、日本では発生したことがありません。（　　　）

2．衛生管理区域内で何か異常なことを見つけたら、
すぐに飼養衛生管理に関する責任者に知らせます。（　　　）

3．野鳥やネズミは、畜舎にいても問題はありません。（　　　）

4．日本に入国したら、１週間は勤務する農場や家畜がいる場所に
入ることができません。（　　　）

5．外国から生肉や肉製品を持ち込むことはできません。（　　　）

6．畜舎に入るときは、必ず作業着に着替えます。（　　　）

7．従業員が日本から出国するときは、事前に経営者に届出します。
（　　　）

8．獣医師や家畜衛生保健所からの指導内容は記録し、10年間保管します。
（　　　）

9．作業機械の燃料は全てガソリンです。（　　　）

10．三相交流200ボルトと交流100ボルトのコンセントは、同じ形状です。
（　　　）

＝解　答＝

1．×（豚熱（ＣＳＦ）は、2018年以降日本国内で毎年発生しています）

2．○

3．×（動物が侵入しないようにフェンスやネットで囲い、
破損箇所は修理します）

4．○

5．○

6．○

7．○

8．×（獣医師や家畜衛生保健所からの指導内容は記録し、1年間保管します）

9．×（ガソリンとオイルの混合油や軽油があるので、
機械に適した燃料を使用します）

10．×（三相交流200ボルトと交流100ボルトのコンセントは違う形状です）

7 管理作業と豚の観察の要点（実技試験のために）

毎日の農場での作業の中では、仕事をしながら、次のようなことについて、管理者に教わりながら、正しい作業の方法を習得したり、豚の観察をすることが大切です。

初級の実技試験のために必要な知識

- 豚の品種と特徴
- 豚の部位の名称
- 豚の誘導方法
- 生まれた子豚の飼育方法・子豚の扱い方
- 糞の性状の観察（正常な糞と下痢・軟便の見分け方）
- 豚の体の測り方
- 飼料の種類と名称の確認、飼料の形態、配合飼料の原料
- 豚のライフサイクル
- 基本的な衛生管理対策の確認
- 消毒薬の保管・防除衣の着用
- 機械や電源・燃料の取り扱い、安全な服装

専門級・上級の実技試験のために必要な知識

- 発情の確認方法
- 繁殖豚と肥育豚の見分け方
- 健康で元気な豚と元気のない豚の見分け方
- 正常な乳頭のならび方の観察と確認
- 出荷時期と豚の大きさの確認
- 豚のボディコンディション
- 三元交配
- 豚の適温域
- 豚の枝肉の観察
- 飼料の給与方法
- 枝肉歩留の算出方法の確認
- 日増体量（ＤＧ）と飼料要求率の算出方法の確認
- 豚の病気
- 衛生管理対策の確認
- 踏みこみ消毒槽の作り方と通過方法の確認、消毒薬の保管方法・希釈
- 機械の安全点検、電源、燃料の種類・保管

8 用語集

アフリカ豚熱（ＡＳＦ）
高熱がでて、死亡率が著しく高い、豚などに感染する病気。豚熱（ＣＳＦ）とは別のウイルスにより発生し、感染力がとても強い。2024年８月現在、日本では感染事例は報告されていないが、近隣国では大きな被害をもたらしている。

ウェットフィーディング
飼料と水を混合し、練った状態で給与する方法のこと。

餌
飼料のこと。

餌やり
飼料を家畜に給与すること。

ＳＰＦ豚
特定の微生物や病原を持たない動物。有害菌の汚染を受けていない健康な母豚から帝王切開によって取り出した無菌動物を親として作られる。

餌付け
幼動物に出生後はじめて飼料を与えることで、人工乳がこの目的のために使われる。

オガコ豚舎
糞と尿、そして敷料が分離されない一緒の豚舎。

活性汚泥
家畜の尿汚水（尿などの汚れた液体）は、浄化槽などで微生物により分解し、汚れの少ない物質にして処理を行う。この浄化槽内で汚れを分解する微生物を活性汚泥という。

食い止まり
豚の飼料摂取量が急に低下する状態をいう。

三元豚
３品種または３系統を用いた交雑豚の作成方法で、２品種間の産子（雌）に３番目の品種の雄を交配して作られる豚。

敷料
家畜に快適性を与え、同時に糞尿の堆肥化を促進するために使われる資材で、オガクズ、モミガラ、麦稈がよく用いられる。

飼料要求率
１kg の増体に必要な飼料の量。

初乳
分娩後の数日間に出る乳のこと。

人工乳
哺育期の子豚に与えられる飼料で、体重が10kg までの間に給与される人工乳Ａと、それ以降体重が30kg までの間に与えられる人工乳Ｂがある。

制限給餌
決まった量を与える給餌方法。

堆肥化
家畜糞などを微生物により分解し、作物が利用しやすい堆肥にすること。

代用乳　母乳の代わりに飲ませる乳（粉乳）。お湯などに溶かして飲ませる。

日増体量（ＤＧ）　１日当たりの体重の増加量。

ハイブリッド豚　数種類の品種をかけあわせて作り出した雌や雄の繁殖豚、肥育豚

発情再帰　母豚が離乳後、次に来る発情のこと。

ＰＲＲＳ　豚繁殖・呼吸疾病症候群のこと。

豚熱（ＣＳＦ）　高熱がでて、死亡率の高い、豚などに感染する病気。豚熱ウイルスにより発生し、感染力が強い。

ＰＥＤ　豚流行性下痢のこと。

不断給餌　常に飼槽内に飼料があり、いつでも食べたい量を好きなだけ食べることができる給餌方法。自由採食ともいう。

ボディコンディション　皮下脂肪の蓄積状態のこと。

（注）肥育豚、繁殖豚、母豚、種豚は「ひいくぶた」「はんしょくぶた」「ははぶた」「たねぶた」ともいう。